NOUVELLE SÉRIE

CONDORCET

PASCAL

PARIS
ÉDOUARD CORNÉLY, ÉDITEUR
101, RUE DE VAUGIRARD, 101

10 CENTIMES

Les Tableaux Géographiques

Cette collection divisée en deux groupes, **LA FRANCE** et **AUTOUR DU MONDE**, paraît régulièrement à raison d'une série par mois.

Chaque **série** se compose de six tableaux en **couleurs** montés sur carton et vernis, du format 0^m,65×0^m,50.

Chaque **tableau** comprend quatre vues groupées suivant une classification naturelle (sites, costumes, scènes diverses, monuments, etc.) et accompagnées d'une légende explicative.

Une **notice** est jointe à chaque tableau et fournit le texte d'une explication.

Ces notices ont été spécialement rédigées pour chaque tableau par M. Albert MILHAUD, professeur agrégé d'histoire et de géographie. Elles peuvent fournir le thème d'une petite conférence.

Chaque tableau est vendu séparément **1 fr. 25** (port non compris); la série de six tableaux est vendue **7 fr. 50** et envoyée *franco en gare.*

Sont actuellement en vente :

Ire SÉRIE

1. LES PYRÉNÉES : Le Cirque de Gavarnie.
2. INDO-CHINE : Vue du Tonkin.
3. LA MANCHE : La vie au bord de la mer.
4. LA BASSE-LOIRE : Les Rives paisibles.
5. LES ALPES : Le Dauphiné.
6. ALGÉRIE : Le Tell Oranais.

2e SÉRIE

7. MÉDITERRANÉE : La Côte d'azur.
8. PLATEAU CENTRAL : Dans les Causses.
9. LA BRETAGNE : Intérieur du Pays.
10. LITTORAL FRANÇAIS.
11. VALLÉE DE LA LOIRE : Les Châteaux.
12. ALGÉRIE : Les Indigènes sédentaires.

3e SÉRIE

13. LES BORDS DE LA CREUSE.
14. LA MARINE MILITAIRE,
15. PARIS : Vues principales (1er tableau.)
16. LA COCHINCHINE : Paysages.
17. LES PYRÉNÉES : Une vallée.
18. BRETAGNE : La baie de St-Malo.

4e SÉRIE

19. LA MANCHE : Ports et Plages.
20. ILES FRANÇAISES D'OCÉANIE.
21. FONTAINEBLEAU : Le Château et la Forêt.
22. VIE MILITAIRE :
23. TUNIS.
24. LE PAYS DE NICE.

Six autres séries *en préparation* paraîtront cette année.

LE LIVRE POUR TOUS
Ancienne série
144 OUVRAGES PARUS

AGRICULTURE
26. Les Engrais.
37. La Viticulture.

ARMÉE
6. Le service militaire.
13. Les Écoles militaires. St-Cyr.
63. Les fusils à répétition.
65. Les projectiles.
67. Les mitrailleuses.
71. Les canons.

ARTS D'AGRÉMENT
32. Les Feux d'artifice.
38. La Pêche.
42. La Chasse.

ARTS ET MÉTIERS
89. La Gravure. Tome I.
90. — — II.

BEAUX-ARTS
25. La Peinture sur porcelaine.
80. Les Faïences anciennes.

CUISINE
56. L'Office.
58. Les Viandes. Tome I.
59. — — II.
134. Les Potages.
138. Les Sauces.
139. Les Légumes.

DROIT
21. La Justice de paix.

DROIT C VIL
29. Les Enfants.
35. Le Mariage.

ÉCONOMIE DOMESTIQUE
28. La Cave et les vins.
142. Les Ustensiles de cuisine.

ÉCONOMIE SOCIALE
17. Les Impôts.
20. L'Épargne.
135. La Maison et son mobilier.
23. Les Assurances.

ENSEIGNEMENT
15. Grammaire anglaise.
50. Grammaire anglaise, (syntaxe et pronon.)
5 a. Grammaire française.

FINANCES
14. Les Douanes.

GÉOGRAPHIE
1 a. La France. Tome I.
2 a. — — II.
3 a. — — III.
4 a. France administrat.
5. L'Afrique française.
22. L'Europe.
36. La Russie.
43. L'Allemagne.
47. L'Océanie.

MANUFACTURES NATION^{les}
79. Les Gobelins.
77. Manufacture de Sèvres

HISTOIRE
8. Histoire romaine.
44. La France, 1re partie.
49. — 2me —
54. — 3me —
60. Histoire ancienne.
136. Hoche, p^r T. Révillon.
141. Paris en 1789, par Mercier.
145. Les derniers Montagnards, p^r J. Clarétie

HORTICULTURE
9. Les Fleurs.
34. Les Arbres fruitiers.

HYGIÈNE
1. La Santé.
11. Les Falsifications : Aliments.
12. — Boissons.
31. La première Enfance.
78. L'Alcool.

INDUSTRIE
69. Le Canal de Suez.
70. Les Aiguilles.
72. Les Locomotives.
74. Les Mines.
76. Le Tissage de la Soie.
82. Les Tissages façonnés
86. Les Alcools. Tome I.
87. — — II.
88. La Bougie.

LITTÉRATURE
4. La Littérature franç^{se}
19. — Le xvie siècle.
27. — Le xviie — 1° pér.
39. — — — 2e —
48. — Le xviiie siècle.
45. — Le xixe siècle.
81. Victor Hugo. A travers son œuvre.
83. Molière. Les Précieuses ridicules.

84. Molière. Le Tartufe I.
85. — — II.
91. Beaumarchais. Le Barbier de Séville. I.
92. — — II.
93. Molière. L'École des maris.
94. Hégésippe Moreau. Contes.
100. La Fontaine. Fables choisies.
105. Danton. Discours.
106. Désaugiers. Chansons.
109. Racine. Les Plaideurs
112. J,-J. Rousseau. L'Enfance.
114. Thiers Le 18 Mars.
115. Barbès. Deux jours de condamnation.
117. Beaumarchais. Le Mariage de Figaro. I.
118. — — II.
119. — — III.
120. Lamennais. Le Livre du peuple
121. X. de Maistre. La jeune Sibérienne. I.
122. — — II.
126. Voltaire. Poésies.
127. Corneille. Le Menteur. Tome I.
128. — — — II.
132. Camille Desmoulins. La Lanterne.
133. Carnot. La Révolution française.

MÉDECINE
2. Les Maladies et les remèdes.
16. Anatomie, physiologie
62. La Rage et l'Institut Pasteur.

MÉTIERS
53. L'Imprimerie.
55. La Typographie.

PHYSIQUE
103. Les Machines électriques. Tome I.
104. — — — II.

POLITIQUE
101. J.-J. Rousseau. Le Contrat social.
102. Mirabeau. Opinions et discours.
137. Affaire Baudin. — Plaidoyer de Gambetta.

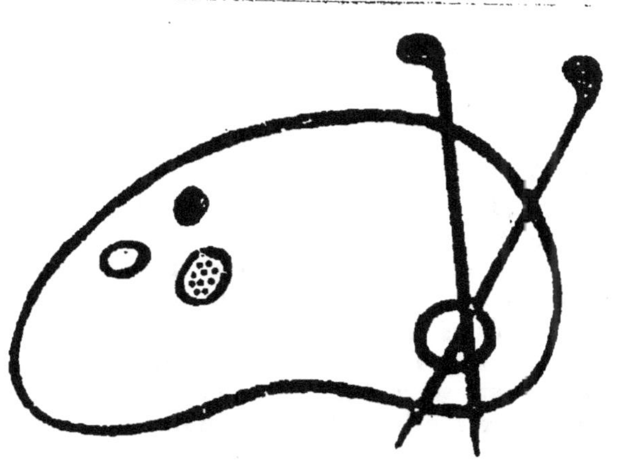

Fin d'une série de documents
en couleur

PASCAL

Par CONDORCET

Blaise Pascal naquit à Clermont, en Auvergne, le 19 juin 1623, d'Étienne Pascal, premier président de la Cour des aides, et d'Antoinette Begon.

Étienne Pascal était fort habile en géométrie, et savait sur la physique tout ce qu'on pouvait savoir de son temps. Il ne voulut pas abandonner à des mains étrangères le soin de l'éducation de son fils. Cette négligence si commune suppose dans un père bien de l'indifférence, ou bien de la modestie ; mais elle est moins nuisible qu'on ne le croit communément. Il est probable qu'un homme capable de confier à d'autres le soin d'élever son fils ne l'aurait pas mieux élevé qu'un étranger. Le jeune Pascal montra dès son enfance les dispositions les plus heureuses, et son père, croyant qu'il serait plus utile à son pays en formant un grand homme qu'en exerçant une charge, vint à Paris, et y vécut dans la retraite jusqu'en 1638, uniquement occupé de l'éducation de son fils et des nouvelles découvertes de la géométrie, qu'il cultivait en silence, sans même prétendre à la gloire. Lié avec Fermat et Robertval, il s'unit quelquefois avec eux pour combattre Descartes ; mais, respectant un grand homme persécuté, il ne voulut point mêler sa voix à celle des Vœtius et de ces écrivains maintenant oubliés ou méprisés, mais alors écoutés et dangereux, qui ne pardonnaient pas à Descartes le bien que sa philosophie devait faire aux hommes. Étienne Pascal, après avoir combattu Descartes avec honnêteté, voulut devenir son ami; et il le fut jusqu'à la mort de ce grand homme.

Quoique Etienne Pascal eût entièrement renoncé aux affaires, il fut obligé de quitter Paris en 1638. Un de ses amis s'était vu forcé de s'opposer au cardinal de Richelieu, alors tout-puissant, et qui savait également violer les formes ou les faire servir à sa vengeance. Cette résistance de l'ami de Pascal fut regardée comme un crime et punie de la prison. Pascal n'abandonna point un ami malheureux; il osa même attester publiquement son innocence; il réfuta la basse calomnie qui cherche toujours des crimes à ceux qui sont opprimés. Il alla enfin jusqu'à défendre ceux qui avaient eu le même courage que son ami, et qu'on appelait ses complices. La conduite de Pascal fut présentée au chancelier Séguier comme un attentat contre l'autorité : car le mérite modeste et obscur a encore des ennemis ; et Pascal, sachant que le plus sûr moyen de suspendre l'activité de la haine est de soustraire à ses regards l'objet qui l'excite, se retira à la campagne. Il n'y fut pas longtemps : les vices de Richelieu n'étaient pas sans un mélange de grandeur. Souvent petit et cruel dans les tracasseries de la cour et dans ses vengeances particulières, il avait de la hauteur et de la noblesse dans les affaires publiques.

Il ne vit dans Pascal qu'un homme courageux, mais honnête et simple, dont il n'avait rien à craindre, ni pour sa vanité, ni pour sa place. Il le rappela à Paris, et l'intendance de Rouen fut le dédommagement de son absence volontaire et la récompense de ses vertus.

Son fils avait alors retiré de son séjour dans la capitale tous les avantages que le père en avait espérés ; et d'ailleurs une ville qui avait produit le grand Corneille ne pouvait être regardée comme étrangère aux arts.

Le jeune Pascal était déjà célèbre ; son père n'avait pas cru qu'il pût être utile de surcharger la tête d'un enfant de mots auxquels il ne peut encore attacher que des idées fausses ou incomplètes. Il avait retardé jusqu'à douze ans le moment de commencer l'étude des langues : celle des sciences exactes, pour lesquelles son fils montrait une espèce d'instinct, fut renvoyée à une époque encore plus reculée. Etienne Pascal avait éprouvé avec quel empire ces sciences s'emparent de l'esprit ; quelle fâcheuse incertitude elles font apercevoir dans toutes les autres et il craignit que, si son fils s'y livrait trop tôt, il n'eût plus dans la suite que du dégoût pour l'étude des langues anciennes, dont la connaissance approfondie était alors regardée comme nécessaire. Ainsi, jusqu'à douze ans, on n'avait presque rien appris au jeune Pascal ; et, de tous les enfants célèbres, le seul peut-être qui l'ait été à juste titre a reçu une éducation tardive, ou plutôt n'en a point eu d'autre que son génie.

Etienne Pascal avait écarté de son fils tous les livres de géométrie. Ce jeune homme ne connaissait que le nom de cette science et l'espèce de passion qu'avait pour elle son père et les savants parmi lesquels il était élevé. Son père, cédant quelquefois à ses importunités, lui avait donné quelques notions générales ; mais on se réservait à lui en apprendre davantage *quand il en serait digne.* Toute l'ambition des enfants est de devenir hommes. Ils ne voient dans les hommes que la supériorité de leurs forces ; et ils ne peuvent savoir combien les préjugés et les passions rendent si souvent les hommes plus faibles et plus malheureux que des enfants.

Pour Pascal, devenir homme, c'était devenir géomètre. Tous les moments où il était libre furent employés à tâcher de deviner cette science des hommes dont on lui faisait un mystère ; il cherchait à imiter ces lignes et ces figures qu'il n'avait fait qu'entrevoir. Son père le surprit dans ce travail et vit avec étonnement que la figure que traçait son fils servait à démontrer la trente-deuxième proposition d'Euclide. Cet événement a été rapporté par madame Périer, sœur de Pascal. Elle a joint à son récit des circonstances qui l'ont fait révoquer en doute. Mais si on examine le fait en lui-même, si on songe qu'il est moins question ici d'une démonstration rigoureuse que d'une simple observation faite sur les figures que Pascal avait construites, on verra qu'il n'y a plus de prodige.

Qu'on juge des sentiments que dut éprouver à cette vue un père sensible, qui préférait les mathématiques à toutes les autres sciences, et qui voyait le seul objet de ses soins donner une preuve si certaine de sa passion pour les sciences de combinaison, et d'une sagacité singulière. Dès ce moment, l'étude des mathématiques lui fut permise ; et il y fit des progrès si rapides, que, quatre ans après, il composa un traité des sections coniques assez supérieur à son âge pour qu'on crût cet ouvrage digne de la curiosité de Descartes. On mandait à cet homme illustre que plusieurs propositions étaient mieux démontrées dans ce traité que dans Appollonius. Descartes, qui prétendait, avec raison, que de nouvelles questions demandaient une analyse nouvelle, qui avait trouvé cette analyse, et qui aurait voulu hâter la révolution qu'elle devait opérer, vit avec peine qu'on attachait en France quelque prix au mérite d'avoir démontré avec un peu d'élégance, ce qu'Appollonius avait découvert quinze siècles auparavant. D'ailleurs, le traité des sections coniques pouvait n'être qu'une compilation que le jeune géomètre aurait faite des leçons de son père et de M. Desargues, et c'est ainsi qu'en jugea Descartes. Il s'obstina à le regarder comme un ouvrage des maîtres de Pascal, où il lui était impossible de distinguer ce qui appartenait à leur écolier.

Pascal était alors à Rouen, où bientôt il se montra digne de sa réputation par une invention brillante, et ce n'était plus l'ouvrage d'un enfant qui donne des espérances. A dix-neuf ans, il conçut l'idée d'une machine arithmétique, et la fit exécuter. On sait que les règles d'arithmétique réduisent à des opérations techniques tous les calculs de cette science ; et que l'addition, la soustraction et la multiplication des nombres simples, sont les seules opérations qui restent à faire à l'esprit. Mais la simplicité de ces opérations devient elle-même un inconvénient. L'esprit se lasse bientôt de ces opérations tant répétées et si monotones ; elles ne peuvent ni se passer de l'attention de celui qui les fait, ni la captiver. Une machine arithmétique n'a pas les même inconvénients. Toutes les opérations y sont purement techniques, à peu près comme dans la méthode de calculer par les jetons, et dans celle que M. le Gentil a trouvée chez les Brames, et par laquelle ils exécutent avec tant de promptitude et de sûreté les calculs les plus compliqués. Avec une de ces machines, le géomètre, l'astronome feraient eux-mêmes, avec facilité et sans dégout, tous leurs calculs numériques ; et ils seraient dispensés de recourir à la ressource, moins sûre et plus dispendieuse, des calculateurs subalternes. Ce fut la vue de cette utilité qui arrêta longtemps l'esprit de Pascal sur cette idée, et qui engagea Leibniz à s'en occuper après lui. Mais les machines arithmétiques proposées jusqu'ici sont d'une construction trop compliquée et d'un usage trop embarrassant pour être employées. Il faut attendre leur perfection du temps, et surtout de cette énorme complication des calculs numériques que le progrès de l'astronomie rationnelle rend inévitable, et qui déjà nous fait sentir le besoin de nouvelles ressources. Pascal avait éprouvé, dès l'âge de dix-huit ans, les premières atteintes de ces maux qui le conduisirent au tombeau après plus de vingt ans de souffrances. Il disait que, depuis dix-neuf ans, il n'avait passé aucun jour sans souffrir. Cependant son goût pour les sciences était toujours le même ; et jusqu'à vingt-cinq ans ou environ, il y consacra tous les moments de relâche que ses douleurs lui laissaient. Ce fut dans ces intervalles qu'il fit ses expériences célèbres sur la pesanteur de l'air. Elles furent l'occasion de son traité sur l'équilibre des liquides ; et c'est le premier ouvrage *français* où cette science ait été appuyée sur des principes solides. Galilée avait remarqué que l'eau ne montait pas dans les pompes au delà de trente-deux pieds, et il en conclut que la force qui la soutenait à cette hauteur n'était pas une force indéfinie, telle que l'horreur du vide des scolastiques, mais qu'elle était déterminée et égale au poids d'une colonne d'eau de trente-deux pieds.

Galilée s'arrêta à cette remarque. Il savait cependant que

l'air est pesant, et qu'un ballom rempli d'air pèse davantage que lorsque cet air en a été chassé.

Toricelli confirma, par de nouvelles expériences, l'observation de l'ascension de l'eau dans les pompes ; il prouva que cette force élevait l'eau dans les tuyaux inclinés à la même hauteur perpendiculaire ; que le mercure ne montait qu'à vingt-huit pouces, hauteur proportionnelle au rapport des pesanteurs des deux fluides. Le père Mersenne avait été témoin de ses expériences dans un voyage d'Italie ; il en rendit compte à Pascal, et vraisemblablement d'une manière assez vague, puisqu'il ne lui dit pas même que Toricelli en fut l'auteur. Pascal les répéta de plusieurs façons, ce qui était important dans un temps où ces premières vérités d'expériences étaient offertes à des hommes remplis de tous les préjugés des philosophes scolastiques : ces expériences furent publiées en 1647. Alors Pascal attribua la suspension des liquides à l'horreur limitée du vide. Il se préparait même à soutenir la possibilité du vide contre Descartes, qui avait déjà aperçu que c'était à la pesanteur de l'air qu'était due l'élévation du mercure, et qui même avait indiqué les expériences qu'il fallait faire pour le démontrer. Jamais peut-être l'esprit humain ne fit en si peu de temps d'aussi grands progrès que dans cette époque. Trente ans s'étaient à peine écoulés depuis la mort de Descartes, que déjà Newton avait deviné le secret de la nature qui avait échappé à Descartes, et corrigé les fautes de ce grand homme, en marchant sur ses traces. L'histoire même des travaux de Pascal nous présente une observation qui prouve à la fois, et combien la marche des sciences fut alors rapide, et combien ceux qui parlent en juges des sciences qu'ils n'entendent pas s'exposent à se rendre ridicules. Pascal avait reconnu, en 1647, l'horreur du vide pour une cause naturelle ; cependant, lorsque le traité de l'équilibre des liquides fut imprimé en 1663, les éditeurs, qui, comme tous les hommes animés de l'esprit de parti, ne veulent pas reconnaître la moindre imperfection dans leurs héros, disent, dans leur préface, que M. Pascal n'avait garde de soutenir une doctrine aussi absurde que celle de l'existence du vide. Ils ne pouvaient pas deviner que, vingt ans après seulement (en 1687), l'opinion de l'existence du vide reparaîtrait dans Newton avec une nouvelle force ; en sorte que, s'il n'y a point de preuve convaincante qu'il existe dans la nature un vide absolu, du moins est-on trop avancé maintenant pour croire que des raisonnements métaphysiques puissent en prouver l'impossibilité. Cependant, Pascal apprit enfin que Toricelli avait eu la même idée que Descartes sur la cause de la suspension des liqueurs. Il crut alors devoir s'assurer, par des expériences, de la vérité de ces conjectures. Descartes lui avait proposé de porter un baromètre au haut d'une montagne, et l'avait assuré que le mercure y serait sensiblement plus bas que dans la plaine, parce que la colonne d'air qui pèse sur le mercure serait devenue plus courte. Pascal, avant de tenter cette expérience, qui demandait des apprêts considérables, en imagina une non moins convaincante. Près de l'extrémité supérieure d'un baromètre simple, dont le haut du tube était fermé avec un bouchon, Pascal avait scellé un tuyau coudé, communiquant, par la partie supérieure de sa plus petite branche, avec le haut du baromètre ; la plus haute branche était fermée hermétiquement, et le coude était rempli de mercure, qui se tenait de niveau dans les deux branches, tandis que, dans le baromètre, il était élevé de vingt-sept pouces au-dessus. Si alors on ôtait le bouchon, le mercure du baromètre retombait au niveau, et celui du tube montait dans la branche supérieure vingt-sept pouces au-dessus. Ainsi l'on voyait le mercure de niveau toutes les fois que la colonne d'air pesait ou ne pesait pas en même temps sur les deux surfaces du mercure ; au lieu que, toutes les fois que l'air ne pesait que sur une des deux surfaces, le mercure s'élevait dans l'autre branche au-dessus du niveau.

Encouragé par ce succès, Pascal voulut encore essayer dans sa maison et sur le clocher de Saint-Jacques-du-Haut-Pas, l'expérience que Descartes lui avait proposée : il vit qu'elle avait un succès sensible ; alors il se détermina, pour achever de lever tous les doutes, à la répéter sur une montagne d'Auvergne, haute de cinq cents toises. Périer, son beau-frère, l'exécuta d'après ses instructions ; car l'admiration qu'inspirait le génie de Pascal avait subjugué toute sa famille, et il avait fait de tous ses parents des physiciens et des savants, aussi facilement que, dans la suite, il en fit des jansénistes et des dévots. La même expérience réussit à Descartes, en Suède, et dès ce moment, la cause de ce grand phénomène fut connue ; une foule d'effets, et de ces effets qui se présentent journellement, dépendaient de cette cause. Telle est la résistance qu'on éprouve en ouvrant un soufflet dont le tuyau est bouché, l'adhérence d'une clef à la lèvre qui la suce, la cohésion de deux corps polis que l'on veut séparer. Ainsi cette découverte de la philosophie nouvelle, qui substituait une cause physique et lumineuse aux causes obscures et vagues de la physique ancienne, fut bientôt une connaissance populaire. Bientôt, l'ancienne physique devint susceptible de ridicule, et il fut de bon ton de s'en moquer. C'est peut-être ce qui contribua le plus à hâter en France la décadence des chimères de l'école, et le triomphe de la bonne philosophie.

Dans le cours de ses expériences, Pascal eut l'occasion de remarquer l'élasticité de l'air, et de voir que cette élasticité tient l'air en équilibre avec le poids dont il est chargé. Un ballon, flasque au bas du Puy-de-Dôme, reprit en haut toute sa rondeur, et redevint flasque au bas de la montagne ; un autre ballon, qu'on avait remplit d'air au sommet, s'aplatit en descendant.

Pascal observa aussi que les variations du baromètre, qui répondaient aux poids de l'atmosphère, avaient quelques rapports avec les changements de temps. Descartes avait eu la même idée. Il avait imaginé le baromètre double pour observer ces rapports sur une échelle plus grande. Le baromètre devait se tenir plus haut lorsque l'atmosphère était plus pesante. Il était naturel d'imaginer que, dans le temps de pluie, l'air est plus pesant. Aussi Pascal trouvait-il, d'après quelques expériences équivoques, que le baromètre baissait lorsque l'air était chaud, agité et serein, et qu'il haussait lorsqu'il était froid, calme et pluvieux.

L'erreur était d'autant plus difficile à connaître, qu'on ignorait alors que les variations du baromètre prédisent souvent celles du temps, plutôt qu'elles ne les accompagnent.

Nous n'avons garde de faire à Pascal un reproche de cette erreur; nous la rapportons seulement comme une preuve de la lenteur à laquelle sont nécessairement assujettis les progrès des systèmes fondés sur les faits. Cette lenteur est la source de bien des jugements injustes : ne pouvant suivre la chaîne des progrès insensibles de l'esprit humain au milieu des erreurs de chaque siècle et des inutilités dont chaque âge embarrasse la philosophie, la plupart des hommes méconnaissent la lente circonspection du génie et n'admirent que les sophistes éloquents et prodigues de promesses.

A ces expériences sur les fluides, Pascal joignit des recherches profondes sur la théorie de l'équilibre des liquides.

Archimède, qui, le premier des anciens, traita de la théorie des fluides, n'avait considéré que l'équilibre des solides plongés dans un fluide. Il avait déterminé le poids des corps pesés dans un fluide plus léger, le degré d'enfoncement où ils restaient en équilibre dans un fluide plus pesant, la force avec laquelle ils tendaient à s'élever lorsqu'on les avait forcés de s'y plonger tout entiers, et la position qu'ils y prenaient relativement à leur figure.

Stevin, mathématicien flamand, paraît avoir prouvé le premier, par l'expérience et la théorie, que les fluides pèsent dans la direction de leur pesanteur, en raison de leur base et de leur hauteur, et qu'ainsi le cylindre et le cône fluides, qui ont une base et une hauteur égales, pèsent également sur cette base.

Pascal démontra la même vérité dans son ouvrage, et il employa de même et l'expérience et la théorie, dont le concours est si nécessaire, lorsque les sciences ont à combattre à la fois les préjugés du peuple et les erreurs des savants.

Des deux démonstrations de Pascal, l'une est fondée sur

ce principe de mécanique connu de Toricelli, que, si, en supposant un changement dans la position de deux corps liés ensemble, il arrive que leur centre de gravité ne doive pas changer de place, ces deux corps seront en équilibre. Ce principe ne s'applique immédiatement qu'à l'équilibre des fluides, pressés par deux pistons de masses proportionnelles à leurs bases : il faut donc, pour l'appliquer à l'équilibre des fluides en général, les considérer comme divisés en canaux, de figure quelconque, à l'extrémité desquels on suppose que la force des pistons soit appliquée. Cette même considération de canaux de figure quelconque et supposés en équilibre a conduit de savants analystes à déterminer en général les lois de l'équilibre et des fluides, que M. d'Alembert a démontrées ensuite d'une manière encore plus directe et moins hypothétique. La seconde démonstration de Pascal est fondée sur l'égalité de pression, et il déduit cette égalité de l'incompressibilité des fluides. Dans ce siècle, une géométrie nouvelle devait encore apprendre aux analystes le moyen de déduire de ce principe les lois générales du mouvement des fluides. Ces recherches sur les fluides furent les derniers efforts de ce génie à qui la nature n'avait refusé que des organes proportionnés à sa force : ramené sans cesse à lui-même par la douleur, l'étude de l'homme fut la seule à laquelle son esprit, absorbé par la mélancolie, put alors se livrer. Cette mélancolie avait encore été augmentée par un accident singulier. Pascal était allé se promener à quatre chevaux et sans postillon, comme c'était alors l'usage. En passant sur le pont de Neuilly, qui n'avait pas de garde-fous, les deux premiers chevaux se précipitèrent. Déjà ils entraînaient la voiture dans la Seine ; mais heureusement les traits rompirent, et Pascal fut sauvé. Son imagination, qui conservait fortement les impressions qu'elle avait une fois reçues, fut troublée le reste de sa vie par des terreurs involontaires. On dit que souvent il croyait voir un précipice ouvert à côté de lui. Pascal ne pouvant ni chercher des ressources dans les sciences, ni trouver de repos en lui-même, n'eut plus d'espoir qu'en la religion. Jamais il n'avait cessé de l'aimer ; et elle fut, dans ses infirmités, sa consolation et son appui.

L'Eglise de France était alors divisée en deux partis : l'un avait pour chefs les jésuites, et l'autre les hommes de France les plus savants. Le premier était tout-puissant, l'autre était opprimé : c'était celui que Pascal devait préférer. Les chefs de ce parti affectaient de mépriser les sciences humaines, tandis qu'ils étaient avides de passer pour y exceller. Pascal y renonça de bonne foi ; mais, comme il fallait toujours à ce génie ardent et profond de grands objets et des routes nouvelles, il se proposa d'établir la vérité de la religion, et de l'appuyer sur une connaissance plus approfondie de la nature humaine. Ce projet, qu'il suivit tout le reste de sa vie, ne fut interrompu que par quelques distractions ; et nous leur devons des ouvrages de genres bien différents, les *Provinciales*, le *Triangle arithmétique*, et le *Traité de la roulette*.

Le docteur Antoine Arnaud, fils de celui qui avait dénoncé les jésuites à la France entière, comme des ennemis du trône, de la morale et de la religion, Arnaud était à la tête des jansénistes. Tandis que les autres théologiens se faisaient presque un devoir de conscience d'ignorer les sciences naturelles, et de combattre la philosophie de Descartes, Arnaud avait approfondi les sciences, et s'était montré le disciple de cette philosophie nouvelle. Sa profonde érudition théologique, une éloquence incorrecte, mais véhémente, abondante, quoique diffuse, une réputation de science et de vertu, qui s'était étendue loin des bornes de l'école, un caractère inflexible, une âme qui, née pour les passions, les avait toutes sacrifiées à celle de dominer sur les esprits et de soutenir contre les jésuites ce qu'il regardait comme la cause de sa famille, tout cela le rendait l'ennemi le plus redoutable de la *Société* ; elle résolut de le perdre. Les ouvrages d'Arnaud, sur les querelles du jansénisme, en furent le prétexte, et la Sorbonne allait le condamner, lorsque ses amis espérèrent arrêter ce corps par la force de l'opinion publique. Cette espèce de tribunal, qui n'inflige point d'autre supplice que le ridicule ou le déshonneur, fait souvent trembler les tribunaux les plus redoutables ; mais, pour armer ce tribunal de l'opinion en faveur du savant, qu'on cherchait à opprimer, il fallait faire entendre à un public frivole ce que c'était que *le pouvoir prochain et la grâce suffisante*, qui ne suffisait jamais ; il fallait rendre ridicule la querelle suscitée à Arnaud, afin de rendre ses juges méprisables et ses ennemis odieux. Le projet était excellent ; on en chargea Pascal, et ses premières lettres eurent un succès qu'on n'aurait pu espérer de l'espèce de matière qu'il était obligé de traiter. Cependant, ces lettres ne produisirent aucun effet. Arnaud fut condamné, malgré la voix publique, par des moines docteurs, dont les jésuites avaient rempli la Sorbonne ; soit que cette voix n'eût pas eu le temps de se faire entendre, soit qu'elle ait moins de force sur les moines que sur les autres hommes. Pascal crut alors devoir consacrer quelques lettres à la vengeance d'Arnaud ; mais il connaissait trop le monde pour croire que l'apologie d'un innocent pût intéresser longtemps : il savait que la sensibilité des hommes se lasse plus tôt que leur malignité ; et la morale des jésuites lui parut propre à servir d'aliment à cette malignité.

Les rapports des hommes entre eux sont devenus si compliqués, que souvent il se présente des circonstances où la voix de la conscience ne suffit plus pour les guider, où leurs devoirs semblent se contredire. Dès lors, l'homme ignorant et faible, craignant à la fois Dieu et les remords, voulant être honnête, sans pourtant qu'il lui en coûte de trop grands sacrifices, a besoin de guides qui puissent lui montrer ses devoirs et en fixer les limites.

Les scolastiques portèrent dans l'examen de ces actions douteuses toute la subtilité de leur philosophie. Au lieu de soutenir cette belle maxime de Zoroastre, *dans le doute abstiens-toi*, ils prenaient plaisir, pour faire briller la finesse de leur dialectique, à combiner des actions qui eussent toutes les apparences du crime, et ensuite à trouver des principes pour les justifier. Comme le but de leurs travaux était, non de faire haïr le crime, mais de décider si telle action était ou n'était pas un péché, si elle devait être punie par l'enfer, ou si elle méritait seulement des peines plus légères, ils voulurent tracer, entre le juste et l'injuste, une ligne imperceptible, sans songer que celui qui ne veut s'interdire que ce qui est injuste à la rigueur est bientôt emporté, par ses passions, bien loin des limites de la morale.

Il paraissait plus aisé de rendre ces casuistes odieux que de faire rire à leurs dépens, mais ils avaient discuté si doctement les questions les plus niaises et les plus burlesques, ils avaient donné avec tant de bonhomie des moyens si plaisants pour trahir la vérité sans mentir, pour imputer à ses ennemis des crimes supposés sans les calomnier, pour les tuer sans être homicide, pour s'approprier le bien d'autrui sans voler, pour se livrer à tous les raffinements de la débauche sans manquer au précepte de la chasteté, qu'ils étaient encore plus ridicules que dangereux. Le corps entier des jésuites n'avait point enseigné toutes ces sottises, mais chaque particulier en avait adopté quelques-unes : heureusement pour le projet de Pascal que, selon la plupart de ces casuistes, une action que plusieurs docteurs graves regardaient comme indifférente pouvait être suivie dans la pratique. De là, Pascal en conclut que, tous étant des docteurs graves, il n'y avait pas une seule action justifiée par un seul casuiste qui, selon tous les autres, ne dût être regardée comme permise.

Cette maxime générale devenait par là un vaste champ pour le ridicule ; et, en présentant cette opinion comme un système adopté par la Société des jésuites, il était aisé de la faire passer pour le résultat d'un projet formé de corrompre le genre humain. Ce probabilisme, qui a causé tant de disputes, contre lequel on s'est élevé avec tant de force, et dont il était si facile d'abuser, devait peut-être son origine à cette observation très simple et très vraie : on ne dispute sur la légitimité des actions que lorsqu'elles sont presque indifférentes. Ainsi, en permettant ces actions, on tendait moins à détruire la morale qu'à guérir des scrupules, qui, à la vérité. ne produisent pas des crimes, mais qui empêchent d'agir et de vivre. Au reste, quand le probabilisme n'aurait pas été dangereux par lui-même, il le serait devenu par la subtilité des casuistes, qui avaient étendu leurs doutes sur la légitimité de beaucoup d'actions que le simple bon sens et la conscience, abandonnée à ses mouvements, n'auraient pas hésité à mettre au rang des crimes,

Pascal, en attaquant les jésuites, si scandaleux et si sots, eut l'art de placer continuellement le ridicule à côté du crime, sans que l'horreur que l'un excite empêchât jamais de rire de l'autre. Par cet art heureux de mêler la plaisanterie à l'éloquence, ses lettres devinrent le livre de tous les âges. Les jésuites furent immolés à la risée de tous ceux qui savaient lire.

Toute puissance fondée sur l'opinion est perdue sans ressource dès l'instant où l'on a pu s'en moquer publiquement, et quelques bonnes plaisanteries peuvent briser les pieds d'argile du colosse le plus attrayant; mais sa chute peut être lente. Tel fut l'effet des *Provinciales.* Si, cent ans après la mort de Pascal, les jésuites ont été chassés de France, et bientôt détruits dans toute l'Europe, c'est dans les lettres de Pascal que leurs ennemis ont appris à les haïr et à les mépriser; et que ceux qu'animaient des intérêts particuliers ont cherché un prétexte pour justifier le mal qu'ils voulaient faire aux jésuites. Lorsque les *Provinciales* parurent, Descartes était le seul qui eût écrit en français d'un style à la fois naturel et noble. Pascal joignit au même mérite celui de la finesse et une correction dont il a été le premier et pendant longtemps l'unique modèle. Ce qui est encore plus étonnant, c'est que, dans un ouvrage de plaisanterie sur les matières théologiques, il n'y ait peut-être pas un seul mot de mauvais goût, excepté le titre, *Lettres à un Provincial*; mais ce titre est l'ouvrage de l'imprimeur, et Pascal a eu soin d'en avertir.

Si on osait trouver des défauts au style des *Provinciales,* on lui reprocherait de manquer quelquefois d'élégance et d'harmonie; on pourrait se plaindre de trouver dans le dialogue un trop grand nombre d'expressions familières et proverbiales, qui maintenant paraissent manquer de noblesse. La cour polie et délicate de Louis XIV ne sentit pas ce défaut, et l'on voit, par beaucoup d'écrits postérieurs à Pascal, que les auteurs se plaisaient alors à placer dans leurs ouvrages ces tournures familières, comme un moyen de ne point passer pour pédants, et pour se donner un air cavalier. Depuis, on a senti que le style devait être plus élevé et plus soutenu que la conversation, puisque l'auteur a plus de temps pour juger. La conversation même a pris un ton plus noble, sans cesser d'être naturelle, et c'est peut-être encore plus à la nécessité, à l'habitude de bien parler, qu'à l'étude des grands modèles, que nous devons l'avantage d'avoir, à cette époque de de notre littérature, un plus grand nombre de gens de lettres qui écrivent avec agrément et avec élégance.

On pourrait dire encore que les plaisanteries de Pascal perdent une grande partie de leur prix pour les lecteurs à qui les matières de théologie sont étrangères; que la crainte d'être accusé d'impiété et de profanation l'oblige d'émousser ses plaisanteries, et de les resserrer dans un cercle trop étroit; qu'il parle souvent des hérésies des jésuites sur la grâce avec une chaleur qui ne pouvait échauffer que les théologiens de son parti; qu'enfin, en attaquant la morale relâchée des jésuites et leur acharnement dans les disputes de jansénisme, il a respecté leur intolérance et leur fanatisme, et qu'il n'a vengé que les jansénistes, au lieu de venger le genre humain. Le plus grand défaut des *Provinciales*, c'est d'avoir été écrites par un janséniste : et si Pascal l'a été, c'est la faute de son siècle.

Les jésuites ont reproché aux *Provinciales* quelques infidélités; mais elles doivent moins être imputées à Pascal qu'aux théologiens qui lui ont fourni des mémoires. Il se serait fait un scrupule d'en avoir la moindre défiance. Ces taches légères, que quelques corrections eussent fait disparaître, ne méritaient pas le bruit qu'en firent les jésuites, et ne les rendaient pas innocents. On doit savoir gré sans doute à ceux qui, en examinant l'ouvrage d'un homme de génie, y observent des défauts ; mais ils doivent se souvenir que le soleil, malgré ses taches, a aveuglé les yeux qui les ont découvertes.

Un autre reproche plus grave, c'est que Pascal a présenté comme un système formé par les jésuites ce qui n'était qu'un abus de la scolastique, commun aux jésuites et aux autres ordres. Peut-être même que, dans la pratique, les jésuites n'en avaient guère plus abusé que les autres : pourquoi donc donner pour le crime d'un seul ordre ce qui était celui de tous ? C'est que, quelquefois, on va rechercher les crimes oubliés d'un coupable insolent et dangereux, tandis qu'on pardonne à ses complices, méprisés ou repentants : c'est que Pascal avait besoin, pour perdre les jésuites, de ménager les autres moines, ou même de les attirer dans son parti.

Il y a peut-être dans cette conduite plus de politique que de justice rigoureuse : mais c'est ici un de ces cas où la faiblesse oppose un peu de ruse à la force, et Pascal eût été absous du moins par les maximes des casuistes jésuites. D'ailleurs, en relevant la turpitude de tous les scolastiques, ou catholiques ou réformés, il eût élevé un scandale nuisible à tout le christianisme : et si le zèle des jansénistes leur ordonnait de mettre au jour les scandales des jésuites, la charité leur prescrivait d'étendre un voile sur ceux des autres ordres.

La fureur des jésuites éclata de toutes les manières dont peut éclater la fureur d'une société de moines.

Pascal fut accablé d'injures grossières, auxquelles il répondit par d'excellentes plaisanteries. On rendit aux jansénistes leurs calomnies et même avec usure.

L'auteur des *Provinciales* fut accusé d'hérésie, d'impiété, de sédition : il était peut-être hérétique, mais il n'était ni impie ni séditieux, et ces accusations, qui pouvaient compromettre sa sûreté, firent dire que les jésuites suivaient dans la pratique les maximes de leurs casuistes. Enfin ils portèrent l'aveuglement jusqu'à faire un crime à l'auteur des *Provinciales* de ce qu'il avait révélé dans ses lettres des opinions que l'utilité publique devait ensevelir dans le silence ; mais, si le livre où Pascal ne parlait de ces opinions que pour les combattre et les rendre ridicules était encore dangereux, combien donc n'étaient pas coupables ces auteurs contre qui Pascal s'était élevé, et qui avaient sérieusement soutenu ces mêmes opinions ? C'est cependant sur ce prétexte que les jésuites sollicitèrent la condamnation des *Provinciales* à Rome et dans ceux des tribunaux de France où ils croyaient avoir du crédit. Enfin ces lettres furent condamnées par l'inquisition de Rome, par le Parlement d'Aix et le Conseil d'Etat. Un siècle après, Rome a détruit les jésuites ; le Parlement d'Aix, eu faisant brûler leurs livres, comme les *Provinciales*, et en chassant les jésuites, a pris dans ces mêmes *Provinciales* le motif de ses arrêts ; exemple instructif, et qui montre quelle force a le génie lorsque, dans une nation éclairée, il s'élève une puissance qui ne doit sa force qu'à l'erreur et à l'habitude de la craindre. Rien ne prouve mieux l'utilité des lumières, et ne donne une espérance mieux fondée que le temps n'est pas éloigné peut-être où les erreurs qui ont fait si longtemps le malheur des hommes disparaîtront enfin de la terre.

C'est en 1656 que parurent les *Provinciales*, et les questions proposées à Pascal par Fermat, et discutées dans les lettres de ces deux grands géomètres, avaient produit en 1654 le *Traité du triangle arithmétique*, ouvrage très court, mais plein d'originalité et de génie.

Les problèmes dont Pascal y donne la solution consistent à sommer les nombres naturels, triangulaires, pyramidaux, et à trouver aussi les sommes de leurs carrés et de toutes leurs puissances. Ces questions, que l'habitude de l'algèbre a rendues faciles, et que Fermat a aussi résolues, ont été traitées par Pascal selon une méthode ingénieuse et singulière. Il forme des cases dans un triangle équilatéral, en le divisant par des lignes parallèles à chacun de ses deux côtés, et également distantes entre elles. Il place dans les cases les plus voisines de chaque côté les nombres constants, et ensuite successivement dans chaque case de l'intérieur de la somme de tous les nombres écrits dans la suite des cases qui la précédent, depuis le sommet de ce rang jusqu'au terme correspondant à la case qu'on veut remplir. D'après cette formation, on voit que tous les nombres figurés se trouveront successivement inscrits dans ces cases ; et, puisque chaque case est déterminée par deux nombres relativement à chaque côté du triangle, un des deux marquera le rang que le nom figuré occupe dans la suite à qui il appartient, et l'autre l'ordre qu'occupe cette suite parmi celles des nombres figurés.

Pascal déduit ensuite de la formation de son triangle le rapport de chaque nombre avec celui qui le précède dans les deux rangs qui lui sont supérieurs, chacun par rapport à un des côtés du triangle. Ce rapport une fois trouvé, il applique cette connaissance à la détermination de la somme de chaque suite de nombres figurés, à celle de leurs puissances à la doctrine des combinaisons, et enfin celle-ci au calcul des probabilités.

Les formules trouvées par Pascal conduisent à celles du binôme de Newton, lorsque l'exposant du binôme est positif et entier. Aussi la découverte de Newton consiste-t-elle principalement à avoir étendu la formule du binôme aux exposants négatifs ou fractionnaires par lesquels Wallis avait appris à exprimer les radicaux et les dénominateurs. Cette considération de Wallis, qui semble d'abord n'être autre chose qu'une manière différente d'écrire ces quantités, a été une des principales causes des grands progrès de l'analyse moderne ; et l'on peut même dire, en général, que les découvertes qui ont paru plus d'une fois changer la face de cette partie des sciences n'ont presque jamais consisté qu'à imaginer des notions nouvelles, par lesquelles on pût exprimer, sous une manière simple et susceptible d'être soumise au calcul, une classe très étendue de quantités, qu'auparavant on ne pouvait exprimer que par des formules très compliquées. Cette remarque ne doit point diminuer la gloire de Wallis ni celle de Newton. En effet, si le moyen de déduire des recherches de Pascal la formule du binôme nous paraît très simple maintenant, il faut observer qu'indépendamment des progrès de la théorie, l'habitude d'employer l'algèbre a rendu cet instrument d'un usage si simple, qu'il n'y a point de jeune homme qui, après six mois d'étude, ne sache s'en servir avec plus de facilité que Newton ou que Descartes. Pascal n'a considéré qu'un seul cas du calcul des probabilités, c'est celui où l'on propose de partager un enjeu donné, lorsque les joueurs veulent cesser de jouer, et que la probabilité de gagner n'est point égale entre eux.

Les principes que Pascal a employés reviennent à ceux de Huyghens, qui s'occupait de ce calcul à peu près dans le même temps, et il me semble que Pascal les appuie sur des fondements encore moins solides.

S'il était question de donner ici l'histoire de ce calcul, je ferais observer que ces principes ne sont pas incontestables, qu'ils supposent une égalité parfaite entre deux cas essentiellement différents : celui d'un homme qui est sûr de gagner une somme, et celui d'un autre homme qui n'a qu'une petite probabilité de gagner une somme beaucoup plus forte, que, à la vérité, la différence entre l'état de ces deux hommes diminue si on multiplie le nombre des coups où les deux joueurs feraient entre eux cette convention, en sorte que le principe qui fait regarder semblable l'état des deux joueurs n'est surtout applicable, en aucune manière, au cas où le jeu ne pourrait être joué qu'une seule fois. Cette condition rappelle une application singulière que Pascal fit du calcul des probabilités ; il observa qu'il y avait une différence infinie entre le sort qui attend les impies, s'il y a des peines éternelles, et le peu qu'ils ont à gagner, s'ils subissent un anéantissement total, et il en conclut qu'il y a un avantage infini à préférer dans sa conduite l'opinion de l'éternité des peines, pour peu que la probabilité ne soit pas infiniment petite, c'est-à-dire, en langage ordinaire, pourvu qu'elle ne soit pas absurde.

On est étonné que Pascal se soit permis, dans une matière si respectable, un raisonnement qu'il est si aisé de prendre pour une plaisanterie, mais il est plus étrange encore que ses éditeurs aient pu le croire sérieux. Les jésuites mêmes, qui avaient commencé par en parler comme d'une décision impie, finirent par la proposer aux incrédules comme une raison sans réplique. Un des sectateurs du parti de Pascal, mais qui n'était pas un Pascal, a fait à cette occasion un ouvrage curieux. Il y soutient qu'il y a des démonstrations d'un autre ordre que celles de la géométrie, et plus certaines encore ; l'auteur prétend, par exemple, qu'il est plus sûr de l'existence de la ville de Rome que de cette vérité, deux et deux font quatre..

Pascal, tourmenté par une longue insomnie, se permit d'abréger l'ennui de ses veilles en méditant sur la théorie des cycloïdes. C'est l'excuse que sa sœur donne à cette violation du vœu qu'il avait fait de renoncer aux occupations profanes. Baillet prête à ce travail un motif plus religieux. On croyait alors en France que l'étude des sciences naturelles, et des mathémathiques surtout, menait à l'incrédulité. C'était principalement aux géomètres et aux physiciens, à ces hommes qui doivent être plus difficiles en preuves, que Pascal avait destiné son ouvrage, et il voulait les prévenir d'avance en sa faveur et leur montrer que celui qui avait entrepris de les éclairer sur la foi aurait pu les instruire, même sur les objets de leurs occupations.

Roberval et Descartes avaient déjà fort avancé la théorie de la cycloïde, celle de toutes les courbes, après les sections coniques, sur laquelle les géomètres avaient le plus travaillé, et celle, sans exception, qui leur a fourni le plus de vérités curieuses et utiles. On sait que la cycloïde est égale à quatre fois le diamètre de son cercle générateur, et que son aire est triple de celle du même cercle ; que tous les solides et toutes les surfaces courbes que produit la cycloïde, les centres de gravité de ses arcs, de son aire, des solides qu'elle engendre et de leurs surfaces, sont déterminés en supposant la quadrature du cercle ; on sait que la développée de la cycloïde est une cycloëde égale et semblable ; que cette courbe enfin réunit les deux propriétés, d'être la courbe de la plus vite descente, et celle où les oscillations sont isochrones.

Pascal avait d'abord écrit un petit ouvrage latin, intitulé

Historia trochoïdes; c'est un factum pour Roberval, contre Toricelli et Descartes, plutôt qu'une histoire.

Roberval avait été l'ami de Pascal le père, et son fils était très capable de prévention; il avait à la fois un esprit vif et une âme simple; il crut Roberval sur le compte de Toricelli; comme il avait cru les solitaires de Port-Royal sur les jésuites Il serait à désirer qu'on pût excuser aussi facilement la conduite de Pascal dans les démêlés avec Wallis et le jésuite Laloubère. Pascal s'était engagé à donner cent pistoles à chaque géomètre qui résoudrait, avant le premier octobre 1657, les problèmes proposés sous le nom de Detouville. Wallis les résolut avant ce terme. Un certificat d'un notaire d'Oxford le prouvait; et Pascal avait même reçu cette solution avant le jour prescrit; mais Detouville exigeait, dans son programme, que la solution fut remise à un notaire de Paris, ou à M. de Caveavi, dépositaire des cent pistoles; et c'est uniquement sur le défaut de cette formalité que le prix fut refusé à Wallis. Laloubère, dont la solution avait été trop tardive, ne pouvait prétendre au prix, mais il avait résolu les problèmes proposés : Pascal ne voulut pas en convenir.

Nous avons dit que son projet, en publiant ces problèmes était de gagner l'autorité auprès de ce que l'on appelait alors des esprits forts. Sans doute, il crut que, pour l'intérêt de *la bonne cause*, il ne fallait pas qu'un jésuite partageât sa gloire. Quelques fautes de copistes, que Laloubère avait laissées dans le manuscrit envoyé à Pascal, furent le prétexte de cette injustice. Pascal, dans les écrits qu'il publia à ce sujet, eut encore, comme dans les autres querelles avec les jésuites, le secret d'être plaisant, et d'avoir le public pour lui. Peut-être Pascal s'imaginait-il n'avoir été que juste envers Laloubère, et qu'il haïssait trop les jésuites pour imaginer qu'il pût y avoir chez eux même de bons géomètres. Il serait cruel d'être obligé de soupçonner Pascal de mauvaise foi; disons plutôt qu'il se laissa entraîner à l'esprit de parti; seule tache qu'il faille reconnaître daus cet homme célèbre, et qu'on uoit **pardonner**, surtout dans un siècle où la raison, réduite

à quelques disciples isolés et cachés, n'avait point encore de parti. Pour ce qui regarde Wallis, comme il n'était point question de gloire, mais d'intérêt, il est impossible qu'un motif si bas pût animer un homme qui avait dissipé sa fortune en aumônes. Mais ce défi de Detouville avait été une espèce de bravade, adressée aux ennemis des jansénistes, encore plus qu'aux géomètres. L'honneur de ce parti demandait que l'auteur des *Provinciales* n'eût pas de rivaux dans les sciences, et surtout qu'il n'eût pas un hérétique pour rival : or, quand l'intérêt d'une secte est compromis, on ne peut plus compter sur la justice de personne.

Pascal ne survécut que trois ans à l'impression du *Traité de la Roulette*. Il y avait vingt ans que la vie n'était pour lui qu'un supplice ; on trouva, sur des feuilles volantes, le peu qu'il avait pu ramasser des matériaux de son grand ouvrage, quelques pensées sur la méthode géométrique, et des notes informes, qui paraissaient avoir été faites dans le temps de la composition des *Provinciales*. Il y a dans ces notes une pensée d'une vérité frappante à l'occasion de cette persécution, qui, suscitée par les jésuites contre les solitaires de Port-Royal, attira à ses auteurs la haine de tous ceux qui cultivent les lettres, de ces hommes chez qui les générations futures vont apprendre ce qu'elles doivent penser, et qui par là deviennent bientôt les maîtres de l'opinion. *Ils sont bien peu politiques en persécutant Port-Royal*, dit Pascal ; *chacun des solitaires, une fois dispersés, osera dire ce que la crainte de causer la ruine de Port-Royal l'obligeait de dissimuler.* Que ceux qui se croient intéressés à mettre des bornes à la liberté de penser apprennent de cette réflexion que le seul moyen qui leur puisse réussir est de protéger les Sociétés savantes, et de laisser à ces Sociétés assez de liberté pour que ceux de qui le génie est à craindre puissent désirer d'y occuper une place.

Je m'arrêterai peu aux pensées sur la méthode de démontrer ; selon Pascal, hors de la géométrie, il n'y a point *de véritables démonstrations*. En cherchant ce qui donne à la géométrie cet avantage, on voit qu'elle n'emploie aucun terme qu'elle ne l'ait défini, que jamais le sens de ce terme ne varie, et qu'ainsi on peut dans chaque proposition, en substituant à chaque terme sa définition, parvenir à des propositions évidentes par elles-mêmes et à des notions simples, qu'il ne faut plus ni prouver, ni définir ; sans cela on tomberait dans une fausse subtilité, qui deviendrait une nouvelle source d'erreurs. Cette méthode est applicable aux sciences même de faits, parce qu'alors une propriété donnée par l'expérience, ou un fait observé, y tient lieu des notions simples des propositions évidentes par elles-mêmes qui ne doivent plus être ni définies, ni prouvées.

Si l'application de cette méthode est facile dans presque toutes les sciences naturelles, elle devient difficile dans les sciences morales, parce que la plupart des termes de celles-ci sont employés dans l'usage ordinaire avec un sens vague et confus, et qu'il faut, après en avoir fixé le sens, veiller toujours à ce qu'il n'arrive jamais de les employer dans le sens vulgaire. Mais il est temps de venir à ce qui a mérité à Pascal le nom de philosophe, et augmenté encore la réputation de l'écrivain des *Provinciales*, je veux dire à ses *Pensées sur l'homme.*

Pascal croyait que les preuves de l'existence de Dieu, tirées des considérations métaphysiques, ne donnent de l'Être suprême qu'une connaissance inutile à la morale. Il croyait que les preuves qu'on déduit de l'ordre du monde, quelque imposantes qu'elles soient par elle-mêmes, quelque force qu'elles aient sur les bons esprits, ne sont pas suffisantes contre des athées endurcis, qui peuvent y opposer avec quelque avantage et le désordre apparent du monde, et ces phénomènes dont l'ordre ou le désordre nous échappe, et dont le nombre est immense eu égard au petit nombre d'objets dans lesquels l'ordre a pu nous frapper. Pascal ne se flattait pas de pouvoir résoudre ces difficultés, et, l'eût-il pu, il ne s'en fût pas occupé. Ce n'aurait été que livrer aux disputes des gens instruits et des philosophes une vérité dont la croyance est nécessaire à tous les hommes. Il crut donc qu'il fallait chercher des preuves d'un autre genre : et il pensait de même sur les preuves historiques de la religion chrétienne. Il restait toujours, selon lui, des objections assez fortes pour rendre impossible la conviction de tout homme dont le cœur ne sentirait pas qu'il a besoin d'un Dieu.

C'est dans la connaissance de l'homme qu'on doit trouver ces preuves palpables et qui doivent parler au cœur de tous les hommes. Pascal s'était souvent plaint, dans ses profondes spéculations géométriques, de ne pouvoir faire partager à personne l'intérêt qu'elles lui inspiraient. Quand il se mit à étudier l'homme, il trouva qu'il y avait encore plus de gens qui étudiaient la géométrie qu'il n'y en avait qui s'étudiaient eux-mêmes. Il fut aisé à Pascal de prouver combien l'homme est faible et corrompu ; peut-être il eût été plus philosophique de chercher comment il l'est devenu, puisque c'est le seul moyen d'apprendre ce qui pourrait le corriger. Mais Pascal attendait tout de la religion, et il ne voulait que bien convaincre les hommes de leur faiblesse, et surtout la leur faire fortement sentir. Selon Pascal, l'homme est tellement soumis à l'empire de l'habitude, que ce qu'on nomme nature n'est peut-être qu'*une première coutume.*

L'homme est faible et vain à la fois, parce que, sa faiblesse lui faisant éprouver à chaque instant le besoin qu'il a des autres, il veut leur donner une opinion de sa force. Toutes les folies, toutes les inconséquences qu'on lui reproche, sont les conséquences nécessaires de sa faiblesse ou de sa vanité : les marques extérieures de respect sont toujours, en dernier ressort, un hommage que la faiblesse rend à la force ou réelle ou imaginaire ; et moins elle est réelle, plus elle attache de prix aux marques extérieures, plus elle se distingue par des ornements ou des cérémonies. Ainsi *les magistrats de justice, les médecins,* les docteurs, qui doivent la vénération publique non à leurs *connaissances* réelles, mais à *l'opinion qu'on en a ;* ainsi, toutes les puissances qui ne doivent qu'aux erreurs de l'imagination l'idée qu'on a de leurs forces sont jalouses à l'excès de leurs étiquettes et de leurs ornements, tandis que la *milice* les dédaigne, parce qu'elle sent combien sa force est réelle.

Si l'opinion, c'est-à-dire la croyance de la multitude, est la reine du monde, c'est parce qu'elle dirige la force qui réside dans le plus grand nombre. « Comme la mode fait l'agrément, aussi fait-elle la justice. La justice change selon les pays. Ce qui est juste sur le bord d'un fleuve est injuste de l'autre côté ; *et cette instabilité est encore un effet de la faiblesse humaine,* car il fallait que la justice fût unie à la force pour conserver la paix, qui est le souverain bien. On sait facilement où est la force, l'on ignore où est la justice, et il est plus aisé de faire dire que ce qui plaît à la force est justice, que d'assujettir la force à céder à la justice. La justice n'a donc été chez les différentes nations que l'expression de la volonté du plus fort. Ainsi il ne faut pas dire au peuple que ses lois sont injustes ; car il est quelquefois nécessaire de le tromper ; il ne faut pas même lui dire qu'il doit obéir aux lois parce qu'elles sont justes ; il n'aurait qu'à vouloir les examiner : il faut lui dire qu'il doit leur obéir parce qu'elles sont établies, car il faut surtout éviter les séditions. » Ainsi le sage doit parler comme le peuple, en conservant cependant *une pensée de derrière.*

Si l'homme, soumis de toutes parts à l'empire de la force, rentre ensuite en lui-même, il y trouve d'autres preuves de sa faiblesse. S'applaudira-t-il d'avoir fait le destin des Etats ? *Un grain de sable placé dans l'urètre* de Cromwell a décidé du sort de l'Europe ; *et si le nez de Cléopâtre eût été plus court, la face de la terre eût été changée.* S'enorgueillira-t-il de la force de son esprit ? Le bourdonnement d'une mouche l'empêche de penser. Si vous voulez qu'il puisse trouver la vérité, *chassez cet insecte importun qui trouble cette puissante intelligence qui gouverne les villes et les royaumes.* Sera-ce de la connaissance de la vérité ? Placé entre deux infinis en grandeur et en petitesse, et tous deux également incompréhensibles, ne trouvant qu'ignorance à chaque pas qu'il veut faire dans l'étude de la nature ; entouré partout ailleurs d'obscurité et de contradictions ; il ne reste donc à l'homme de science réelle que la géométrie ; et dans cette science même il voit devant lui une immensité de vérités que jamais la race humaine ne peut épuiser, quelle que soit sa durée ; et derrière lui des principes qui le ramènent à une métaphysique impénétrable. Cependant, loin d'être abattu sous tant de faiblesse, cet être misérable semble sentir que ce n'est point là son état naturel ; il cherche à en imposer à ses semblables par une fausse idée de sa force, et à se rendre maître par l'opinion de la force réunie de plusieurs. Il cherche à s'en imposer en s'efforçant de se distraire de lui-même ; de là naissent en lui l'amour des plaisirs et la vanité ; tout son bonheur, toute sa force se fondent sur l'erreur, et c'est la source de cette haine contre la vérité, fruit nécessaire de l'amour-propre.

Nous ne pouvons souffrir le bien qu'on nous fait en nous avertissant de nos défauts. Aussi la société n'est-elle qu'un commerce de fausseté et de dissimulation. On *se brouillerait avec son meilleur ami si on savait ee qu'il pense de nous, ou ce qu'il en dit lorsqu'il en parle sans prévention ; et il n'y aurait pas quatre amis dans le monde si tous les hommes savaient ce qu'ils disent les uns des autres.*

Plaignons Pascal d'avoir assez peu senti l'amitié pour croire qu'on peut juger son ami sans prévention, et de n'avoir connu des erreurs des hommes que celles qui les divisent, et non celles qui font qu'ils s'aiment davantage. Les éditeurs n'ont point imprimé la pensée que nous venons de citer ; elle aurait donné une très mauvaise idée des amis de Pascal.

Ce mépris profond que Pascal sentait si fortement pour la bassesse et la fausseté humaine, il voulait l'inspirer à l'homme pour l'homme même. C'est là ce qu'il voulait opposer au sentiment que l'homme a de sa grandeur. En montrant ainsi dans un contraste effrayant tant de grandeur avec tant de bassesse, en faisant observer que l'ordre des sociétés n'est fondé que sur notre faiblesse et sur nos vices, que nos découvertes sublimes dans les sciences nous ont laissé toute notre méchanceté, que nos actions les plus sublimes sont corrompues par le désir qu'elles soient connues ; que le sentiment du juste et de l'injuste, si

général et si prompt, n'en est que plus propre à nous éga-
rer, et ne peut être assujetti par la raison à une règle
invariable et solide; Pascal espérait faire sentir à l'homme
qu'il est sous la main d'un Être tout-puissant qui l'a créé
pour un état de grandeur, mais qui le punit; et lorsque,
sentant le poids de cette main toute-puissante, notre âme,
accablée de l'idée de la grandeur de son Dieu et de sa
propre faiblesse, aurait cherché avec crainte et avec amour
dans le sein de ce Dieu des connaissances et des consolations que la nature n'avait pu lui donner, alors Pascal lui
aurait présenté la religion chrétienne, dont elle aurait em-
brassé avec ardeur l'économie toute miraculeuse et les
consolations surnaturelles.

Tel était le projet de Pascal; son ouvrage devait être
également éloigné de la méthode sèche et fatigante de Char-
ron et de la liberté de Montaigne, plus propre à délasser
l'esprit et à l'inviter à chercher en lui-même les vérités
qu'on lui indique, qu'à le forcer à croire une vérité dont on
veut le convaincre. Le style devait être celui de cette pensée
de Pascal : *La nature, qui seule est bonne*, disait-il, *est tout à
fait familière et commune*; et l'on peut juger par ce qui
nous reste de ses pensées que le style de son ouvrage
eût été conforme à cette règle. Les pensées énergiques et
fortes y sont exprimées par des mots communs; et ce qui
blesserait dans un homme qui aurait moins de génie et de
goût devient dans Pascal piquant et sublime. Il n'a pas
songé à l'harmonie, mais ses phrases ont une gravité et
quelquefois même une espèce d'aspérité convenable à
l'austérité de son sujet. Jamais on n'a démêlé avec plus de
finesse tous les détails de la corruption et de la vanité;
jamais on n'a su fouiller avec tant de profondeur dans le
cœur de l'homme, et jamais un mépris plus froid et mieux
exprimé n'a montré la supériorité du génie qui a su péné-
trer sa propre misère.

Ces pensées n'ont pas été toutes imprimées. Les amis de
Pascal en ont fait un choix dirigé malheureusement par les
vues étroites de l'esprit de parti. Il serait à désirer qu'on
en fît une nouvelle édition, où l'on imprimerait plusieurs

de ces pensées, qui ont été supprimées, soit par une fausse délicatesse pour la mémoire de Pascal, soit par politique ; mais il faudrait en retrancher un plus grand nombre, que les dévots éditeurs ont publiées, tout indignes qu'elles sont de Pascal.

S'il m'était permis de hasarder mon opinion sur le projet de cet homme célèbre, je dirais que ce projet me paraît digne de son génie. Persuadé de la vérité de la religion chrétienne, son but était moins de la prouver que de la faire croire. Il ne faisait pas à la nature humaine l'honneur de penser que, dans les sciences morales, où l'intérêt, les passions, l'amour de la vertu même, se mêlent à nos jugements et les corrompent, on pût attendre de la raison seule la chute des erreurs ; il croyait que, dans les sciences naturelles même, la vérité ne triomphe qu'avec une lenteur extrême lorsque les causes morales n'en accélèrent point les progrès.

Ainsi Pascal, convaincu que les vérités morales ne germent que dans une terre bien préparée, crut qu'il fallait n'offrir qu'à l'homme effrayé de sa faiblesse et tourmenté des terreurs de l'avenir ces preuves de la vérité du christianisme ; selon lui, des esprits plus calmes n'en seraient frappés que trop faiblement ; peut-être même ils négligeraient ou dédaigneraient de les examiner.

Cette méthode d'aller à la raison en ébranlant d'abord l'imagination n'a qu'un inconvénient, terrible à la vérité : c'est que l'homme intimidé qui cherche un appui dans la religion doit naturellement se jeter dans les bras de celle dont l'habitude de son enfance lui cache les absurdités et les inconséquences : aussi cette méthode est-elle surtout propre à raffermir en général les hommes dans leur religion fausse ou vraie. Mais le but principal de Pascal était de ramener au christianisme les incrédules élevés dans son sein ; et il suffirait de leur faire sentir vivement les horreurs du doute et la paix qui accompagne une foi aveuglément soumise, afin que, fatigués de leur incertitude, ils se rendissent moins difficiles sur les preuves de la religion chrétienne. D'ailleurs le christianisme doit à ses nombreux ennemis et à la supériorité de lumières qui règne dans les pays chrétiens l'avantage d'être la seule religion qui puisse parler de ses preuves. Les autres règnent sur des peuples abrutis et crédules, et leurs ministres n'ont jamais connu d'autre manière de raisonner que de menacer au nom du ciel, d'ordonner des pratiques et d'inventer des miracles : ainsi l'homme convaincu du besoin d'une religion, et qui cherche la véritable, sera plus naturellement porté vers celle dont les sectateurs ont daigné raisonner. Enfin Pascal, fortement convaincu de sa religion, croyait que, pour la faire embrasser à l'univers, il suffirait d'inspirer aux hommes le désir violent et durable de n'être point trompés sur cet objet.

Un tel ouvrage, écrit avec une éloquence forte et passionnée, eût été sans doute utile au christianisme; il eût encore servi à rendre en général les hommes religieux. Cela même devait être un grand avantage aux yeux d'un philosophe qui ne voyait dans la morale humaine aucune base fixe sur laquelle on pût appuyer la distinction du juste ou de l'injuste.

La nature de l'ouvrage que Pascal méditait, la réputation de sainteté unie à celle du génie, l'adoration d'un parti, les clameurs d'un autre, tout inspira pour ces pensées une sorte de culte; et lorsqu'un homme célèbre, rival digne de Pascal comme philosophe et comme écrivain, et aussi grand poète que Pascal avait été grand géomètre, osa attaquer quelques-unes des pensées, et avoir presque toujours raison, on regarda cette entreprise comme un sacrilége. Il faut pourtant oser le dire : quoiqu'en général le tableau que Pascal a fait de l'homme soit aussi vrai qu'il est fortement tracé, cependant dans ces pensées jetées au hasard, et que Pascal devait revoir, il lui en est échappé beaucoup de fausses. D'ailleurs si Pascal a presque toujours raison lorsqu'il peint la corruption des hommes, il cesse de l'avoir lorsqu'il regarde cette corruption comme générale, et surtout comme naturelle et incurable. Des philosophes plus doux, peut-être plus raisonnables, ne voient dans l'homme qu'un être faible et sensible, plutôt bon que méchant, puisque les maux d'autrui sont des maux pour lui lorsqu'il est sans passion et sans intérêt. De longues erreurs l'ont abruti et corrompu ; les maux qu'elles ont accumulés sur lui l'ont rendu méchant; mais on ne doit pas désespérer trop tôt de lui rendre, en l'éclairant. le courage de devenir meilleur et plus heureux.

Nous avons une vie de Pascal écrite par sa sœur : on y chercherait en vain les mots profonds ou fins qui devaient échapper souvent à l'auteur des *Provinciales* et des *Pensées* ; on y trouvera encore moins le caractère de cet homme illustre : cette vie est l'ouvrage d'une dévote janséniste, plus occupée de prouver que son frère était un saint que de faire connaître un grand homme.

Il paraît qu'il était peu sensible ; du moins sa sœur admire ce parfait détachement de tout lien profane, qui rendait son frère indifférent aux soins qu'elle lui prodigua pendant sa longue et cruelle maladie. Il ne pleura point la mort de sa sœur, religieuse de Port-Royal, qui avait terminé une vie sainte par une fin digne de sa vie. On a de lui une lettre de consolation sur la mort de son père, adressée sans doute à quelqu'une de ses sœurs ; et cette lettre est plutôt un sermon que l'épanchement d'une âme abattue par une perte si grande et si irréparable. On est étonné, en lisant cette lettre, que, sur un sujet qui lui offrait tant de réflexions touchantes ou profondes, Pascal ait pu trouver tant d'idées mystiques, qu'il assure modestement être bien supérieures à tout ce que Sénèque ou Epictète ont dit sur la mort.

Cependant un héros ou un philosophe dans le malheur peuvent lire Sénèque avec fruit, et Pascal ne peut apprendre à mourir qu'à des religieuses.

Pascal était bien éloigné de cette haine pour la vérité qu'il reprochait si fortement à la vanité et à la faiblesse humaines. Il souffrait sans peine qu'on l'avertit de ses défauts et de ses fautes ; douceur, au reste, qui n'est jamais bien méritoire dans ceux qui ont de petits défauts et de grandes qualités.

C'est à lui que les jansénistes ont dû l'usage de ne jamais

parler de soi qu'à la troisième personne, et de substituer partout *l'on* au *moi* ; comme s'il n'y avait pas bien plus de véritable modestie à parler de soi avec simplicité qu'à chercher des tournures pour avoir l'air de n'en point parler. C'était surtout à la vanité des auteurs que Pascal imposait cette loi ; il ne pouvait souffrir qu'on dit *mon discours, mon livre* ; et il disait assez plaisamment à ce sujet : *Que ne disent-ils notre discours, notre livre, vu que d'ordinaire il y a plus en cela du bien d'autrui que du leur ?* Il portait dans son cœur le sentiment de l'égalité primitive de tous les hommes aux yeux de la nature et de la religion. Il ne pouvait se résoudre à exiger de ses domestiques ces services qui semblent dégrader l'homme, quand c'est la vanité qui les exige et non la faiblesse qui les demande. Il ne voulait pas employer en superfluités un bien auquel les pauvres, privés du nécessaire, avaient, selon lui, un droit plus sacré que celui de la propriété. Telle fut, à la fin de sa vie, la source de cette fantaisie respectable, d'avoir dans son appartement un pauvre à qui il eût voulu qu'on rendît les mêmes soins qu'à lui-même. Peu de jours avant sa mort, l'enfant d'un homme qu'il logeait chez lui par humanité fut attaqué de la petite vérole. Il fallait que l'un ou l'autre fût transporté, parce que Pascal avait besoin du secours de sa sœur, qui eût craint pour ses enfants la contagion de la petite vérole. Une opinion bien mal fondée faisait regarder ce transport comme dangereux pour l'enfant ; Pascal voulut donc avoir la préférence, et il sortit de chez lui, quoique malade lui-même, et épuisé par de longues douleurs. Il jugea entre cet enfant et lui comme un homme qui ne voyait pas de différence entre des hommes tous enfants d'un même père.

Le caractère naturellement vif et impatient de Pascal avait été aigri par la douleur et par une mélancolie qui altérait même sa raison. Mais ces écarts étaient courts, et il se hâtait de les réparer par son repentir et ses excuses. Les derniers mois de sa vie furent remplis de souffrances, auxquelles on ne peut comparer que la résignation avec laquelle il les supporta. Il y succomba le 19 août 1662, âgé de trente-neuf ans et deux mois.

La réputation de Pascal après sa mort fut si grande, le nom imposant de défenseur de la religion contre les incrédules fut répété avec tant d'avantage, les gens de lettres, français ou étrangers, se réunirent pour l'admirer d'une voix si unanime, que les jésuites mêmes furent, en quelque sorte, forcés de respecter sa mémoire. Maintenant qu'ils ne sont plus, que le parti janséniste, soutenu par quelques hommes de mérite que les jésuites avaient eu la maladresse de se rendre contraires, va être anéanti avec eux, le nom de Pascal survivra seul à ces querelles, parce que, de tous ceux qu'elles ont agités, lui seul a eu un véritable génie, et qu'elles n'ont pu l'absorber tout entier. Ses *Provinciales* et ses *Pensées* l'ont placé au rang des hommes éloquents et des grands écrivains ; son nom, lié avec la découverte de la pesanteur de l'air tiendra toujours une place honorable dans l'histoire de la physique, et son *Traité de la Roulette* sera regardé comme un monument imposant de la force de l'esprit humain.